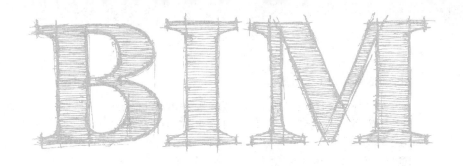

高等院校

BIM课程设置及实验室建设导则

中国建设教育协会　组织编写

王广斌　编著

中国建筑工业出版社

图书在版编目（CIP）数据

高等院校 BIM 课程设置及实验室建设导则/中国建设教育协会组织编写；王广斌编著. —北京：中国建筑工业出版社，2018.1

ISBN 978-7-112-21616-1

Ⅰ.①高… Ⅱ.①中… ②王… Ⅲ.①建筑设计-计算机辅助设计-应用软件-课程设置-高等学校 Ⅳ.①TU201.4

中国版本图书馆 CIP 数据核字（2017）第 301864 号

本导则共分为 5 章，主要包括总则、术语、BIM 知识与技能分级及岗位分类、高等院校 BIM 课程设置导则、高等院校 BIM 实验室建设导则。本导则旨在为国内高等院校 BIM 课程体系的设置以及 BIM 实验室的建设提供方向性的引导。

责任编辑：李　明　张晨曦
责任校对：李欣慰

高等院校 BIM 课程设置及实验室建设导则

中国建设教育协会　组织编写

王广斌　编著

*

中国建筑工业出版社出版、发行（北京海淀三里河路 9 号）

各地新华书店、建筑书店经销

北京红光制版公司制版

廊坊市海涛印刷有限公司印刷

*

开本：850×1168 毫米　1/32　印张：1¾　字数：46 千字

2018 年 2 月第一版　　2018 年 2 月第一次印刷

定价：**8.00** 元

ISBN 978-7-112-21616-1

（31272）

前　　言

　　BIM（Building Information Modeling）是近十几年在原有二维计算机辅助设计 CAD（Computer Aided Design）技术基础上发展起来的一种多维模型信息集成技术，可以使建设项目的所有参与方（包括政府主管部门、业主、设计单位、施工单位、工程监理单位、工程造价咨询单位、运营管理单位等）在建设工程从概念产生到完全拆除的整个生命周期内，都能够运用信息模型技术创建、应用和管理工程建设信息。越来越多的工程建设参与单位都把 BIM 作为提高工程建设信息管理、改进工作流程和拓展业务的重要途径。

　　近年来随着 BIM 技术的迅速发展，我国工程项目实践对于 BIM 技术的应用需求越来越大，但 BIM 技术的专业人才教育还远远不能满足建筑业发展的需求。这种缺乏还不仅仅体现在数量上，很大程度也体现在对 BIM 技术应用的能力上。在建筑业信息化飞速发展的今天，培养掌握 BIM 知识和技能的专业人才成为建筑业发展的迫切需求。

　　鉴于建筑行业对 BIM 专业人才的迫切需求，将 BIM 教育作为重要部分纳入到高校教育中迫在眉睫。现阶段我国很多高等院校的 BIM 课程设置与实验室建设还不够完善。本导则将为国内高等院校 BIM 课程体系的设置以及 BIM 实验室的建设提供方向性的引导和具体的实施建议。

　　导则正文共 5 章，主要内容简述如下：

　　第 1 章，总则。本章说明了编制本导则的目的，导则的适用范围以及实行导则的总体依据。

　　第 2 章，术语。本章对建筑信息模型技术（BIM 技术）和

3

BIM 知识与技能进行了详细的定义。

第 3 章，BIM 知识与技能分级及岗位分类。本章说明了 BIM 知识与技能的分级依据，并且对每一级的内容进行简要的说明，明确了目前 BIM 人才培养相对应的工作岗位。

第 4 章，高等院校 BIM 课程设置导则。本章在总结了国内外高等院校开设 BIM 课程的特点以后，针对国内高等院校的 BIM 课程设置进行了系统性地建议，包括 BIM 课程设置的目标、原则、课程的分类、课程的组织形式、开设方式等内容，同时给出了具体的教学案例供读者参考。

第 5 章，高等院校 BIM 实验室建设导则。高校 BIM 实验室的建设相较于 BIM 课程设置有更大的灵活性，在实施建设过程中会呈现多样性，因此，本章在总结了国内外高校 BIM 实验室的特点以后，从高校 BIM 实验室建设的目标、原则、功能定位、组织建设模式、场地布局、仪器设备和软硬件配置以及人员配备等方面给出了建议，供读者参考。

导则在中国建设教育协会的指导和支持下进行，由同济大学王广斌教授为主编，同济大学刘欢、谭丹、曹冬平参与编著。导则在编写过程中得到了中国建设教育协会领导和多位专家的帮助和指导，在此致以衷心的感谢。

由于水平有限，导则研究成果与结论难免有不完善之处，恳切希望同行的批评指正。

目　录

1 总　　则

1.0.1 为指导国内高等院校 BIM 课程的设置以及 BIM 实验室的建设，特制订本导则。

1.0.2 本导则适用于全国范围内具有实施 BIM 教育需求（开设有土建类专业）的所有高等院校，包含全日制和非全日制的大学、学院、高等职业技术学院（职业学院）、高等专科学校。大学、学院主要实施本科和研究生层次的 BIM 教育；高等职业技术学院（职业学院）、高等专科学校主要实施专科层次的 BIM 教育。

1.0.3 全国各高校在开展有关 BIM 课程设置以及 BIM 实验室建设的工作时，应遵循我国现行的 BIM 相关政策与标准，同时关注建筑行业对 BIM 人才的需求以及结合高校相关专业的人才培养方案。

2 术 语

2.0.1 建筑信息模型

建筑信息模型（Building Information Modeling）是指在建筑设施的全生命周期创建和管理建筑信息的过程，这一过程需要在设计与施工的全过程应用三维、实时、动态的模型软件来提高建设生产效率，而创建的建筑信息模型涵盖了建设项目的几何信息、空间信息、地理信息、各种建筑组件的性质信息及工料信息，不同的项目参与者可从中提取所需信息用于决策或改善业务流程。

2.0.2 BIM 知识与技能

BIM 知识是指以 BIM 的基本原理、BIM 的应用方法论为核心的知识。BIM 的应用方法论是指对工程实践过程中应用 BIM 技术的方法和经验等的总结，从而形成的可传授的具备指导属性的方法论知识。

BIM 技能是指使用计算机通过操作 BIM 软件或平台（包括 BIM 建模软件、BIM 专项应用软件和协同综合应用平台），有能将建筑工程设计和施工中产生的各种模型和相关信息，制作成可用于工程设计、施工和后续应用所需的二维工程图样、三维几何模型和其他有关的图形、模型和文档的能力；有能通过操作 BIM 专项技术应用软件辅助建筑土木类专业的技术工作的能力；有能通过操作综合协同管理软件或平台进行 BIM 技术综合应用的能力。

3 BIM知识与技能分级及岗位分类

3.0.1 根据中国建设教育协会2015年发布的《全国BIM应用技能考评大纲》，BIM知识与技能对应划分为三级。一级为BIM基础应用知识与技能；二级为BIM专业应用知识与技能；三级为BIM综合应用知识与技能。

3.0.2 BIM基础应用知识与技能包括BIM的基础理论知识和BIM基础建模及应用技能，不区分专业。

3.0.3 BIM专业应用知识与技能按专业可划分为BIM建筑规划与设计应用、BIM结构应用、BIM设备应用、BIM工程管理应用（土建）、BIM工程管理应用（安装）等五个子类别，各子类别与相关专业的对应情况见表3-1。

专业BIM应用类别及相关专业   表3-1

子类别	相关专业
建筑规划与设计BIM应用	建筑学、建筑工程
结构工程BIM应用	土木工程、建筑工程、道路与桥梁工程、地下与岩土工程
设备工程BIM应用	给水排水工程、建筑工程、供暖通风与空调工程、供配电工程
工程管理BIM应用（土建类）	工程管理、土木工程、建筑工程造价
工程管理BIM应用（安装类）	工程管理、供电配电工程、给水排水工程、安装工程造价

说明：由于教育部现行专业目录中不同教育层次（专科、本科和研究生教育）所设立的具体专业名称不同，各高校应结合自身实际情况与表3-1中所列专业相对应。

3.0.4 BIM综合应用知识与技能包括BIM的实施规划及控制、

BIM 模型的质量管理与控制、BIM 模型多专业综合应用、BIM 的协同应用管理以及 BIM 的扩展应用等内容，不区分专业。

3.0.5 BIM 岗位主要有以下几类：BIM 经理、BIM 协调员（又称 BIM 工程师）、BIM 建模员以及其他 BIM 岗位（BIM 技术支持人员、BIM 系统管理员、BIM 数据维护员、BIM 标准管理员等），围绕 BIM 技术的应用、管理、协调、开发等开展工作。

4 高等院校 BIM 课程设置导则

4.1 BIM 课程设置的目标

4.1.1 BIM 课程设置的总体目标：系统性地建立关于 BIM 知识与技能的课程体系，将其融入相关专业的人才培养方案中，使得高校毕业生具备在建设企业及公共机构中应用、发展以及管理 BIM 的能力。

4.1.2 高校应根据所设相关专业的培养目标，并结合相应的学科、专业特色来制定对应的 BIM 课程教学目标。

4.2 BIM 课程设置的原则

4.2.1 一致性原则

高校 BIM 课程的设置一方面应依据院校自身培养层次以及专业设置等情况，与学科特色、人才培养目标、课程培养方案保持一致；另一方面还应与行业内 BIM 技术的应用与发展要求相一致。

4.2.2 理论与实践并重原则

高校的 BIM 教学应结合 BIM 技术应用与发展的特点，注重对 BIM 技术的理论学习和实践应用能力的综合培养。

4.2.3 开放性原则

BIM 课程设置应紧密结合建筑行业的发展，应从资源共享和相互协作的角度实现多元化的教学模式，并通过与其他学科课程交叉融合进而实现跨学科的教学模式。

4.3 BIM 课程的分类

4.3.1 以 3.0.1 中 BIM 知识与技能分级为依据，BIM 课程分为 BIM 基础应用课程、BIM 专业应用课程、BIM 综合应用课程三大类。

4.3.2 BIM 的基础应用课程内容包括 BIM 的基本理论、BIM

的建模操作技能以及 BIM 的基本应用技能。其内容可纳入土建类专业基础必修课程范畴。

4.3.3 BIM 的专业应用课程内容包括：BIM 的深化理论、BIM 的专业应用方法论、BIM 的专业应用技能。其内容可纳入土建类专业课程范畴。

4.3.4 BIM 的综合应用课程内容包括：BIM 的前沿理论、BIM 的综合应用方法论、BIM 的综合应用技能等。其内容可纳入土建类专业课程范畴。

4.4 BIM 课程的组织形式

4.4.1 BIM 课程的组织形式可分为课堂教学、实践教学、行业专家讲座、研讨会以及 BIM 的专题研究等形式。

4.4.2 BIM 的课堂教学内容应包括 BIM 的基本原理、标准以及 BIM 的工具、方法和应用的基本理论知识。

4.4.3 BIM 的实践教学建议使用主流和成熟的 BIM 软件对学生进行实训，与 BIM 理论学习相辅相成。

4.4.4 高校应综合考虑院校自身的专业人才定位和人才培养目标、课程内容安排和学校实际的实训条件确定 BIM 课程的组织形式。

4.5 高校 BIM 课程体系

4.5.1 BIM 课程可以有两种开设方式：独立开设 BIM 课程和在既有课程中植入 BIM 知识与技能模块。

4.5.2 在既有课程中植入 BIM 知识与技能模块有多种方法：将 BIM 知识模块嵌入课堂教学中；把 BIM 的技能模块纳入到课程大作业、课程设计、毕业论文或毕业设计中等教学环节。

4.5.3 BIM 基础应用课程应面向所有土建类专业进行开设，具体可采用植入既有课程的方式，建议将相应的 BIM 模块植入到《画法几何》、《工程制图与计算机绘图》、《土木工程构造与识图制图》等现有的土建类专业基础课程中。

4.5.4 BIM 的专业应用课程应根据各专业 BIM 应用特点选择合适的开设方式。对于一些综合性较强的学科（如：建筑规划设计类专业、工程管理类专业）建议专门开设单独的 BIM 综合应用课程（如：《BIM 与建筑规划设计》、《BIM 与工程管理》），系统性地讲解 BIM 综合应用知识和技能。

4.5.5 高校 BIM 课程体系设置考虑 BIM 课程类别、课程性质、教学内容、实践教学软件平台选型等几方面，整体建议方案见表 4-1。

4.5.6 高校的 BIM 课程体系应充分考虑不同高校类型、培养层次以及专业之间的差异，其中在专业差异方面，建议对于工程管理类专业和建筑规划设计类专业等综合性较强的专业，结合 BIM 技术的发展和特征，加快 BIM 课程体系的建立和实施。

4.5.7 研究生教育层次的 BIM 课程设置应符合其培养综合性相关专业人才和研究型人才的培养目标。课程内容方面，应以 BIM 的综合应用知识与技能和 BIM 相关研究为主；课程组织形式应与所授课内容相符，建议主要采用行业专家讲座、研讨会和专题研究等形式。

4.5.8 本科教育层次的 BIM 课程设置应符合其培养综合性相关专业人才的培养目标，遵循理论与实践并重的原则；课程内容方面，除了融入 BIM 的基础应用课程内容和相应专业应用课程的内容之外，对于综合性较强的专业，还在综合性较强的专业培养方案中应融入 BIM 的综合应用知识与技能模块；课程组织形式应以课程教学和实践教学为主；BIM 专业应用课程的开课方式建议为在既有课程植入 BIM 知识与技能模块。表 4-2 为本科工程管理专业 BIM 课程体系设置的建议方案。

4.5.9 高等职业（专科）教育层次的 BIM 课程设置应符合其培养高素质技术技能人才的培养目标。遵循以实践为主，理论为辅的原则，课程内容方面，应以掌握 BIM 的建模技能和 BIM 的专业应用技能为主；课程组织形式以实践教学为主，开课方式主要采取单独开设 BIM 相关实践教学课程（软件教学）的方式。表 4-3 为高等职业院校建筑工程技术专业 BIM 课程体系设置的建议方案。

表 4-1

高校 BIM 课程体系内容

BIM课程类别	课程性质	教学内容	实践教学平台（软件）配置	备注
BIM基础应用课程	土建类专业基础必修课	BIM的基本理论：发展历程及简介、标准及应用规范、数据共享及协同工作方法、应用与发展；BIM建模软件的基本操作：模型的创建与修改，标注与注释，成果输出；BIM的基本应用技能：模型维护，数据交换、碰撞检测、沟通、图档输出等；BIM的标准规范等	图形平台；碰撞检查软件	植入《画法几何》、《工程制图与计算机绘图》等课程
BIM专业应用课程	建筑规划设计类专业课	建筑规划设计类专业BIM应用知识与方法；基于BIM的场地设计，建筑设计，设计方案论证；基于BIM的场地及建筑功能性分析（光照、能耗、风环境）等	能耗分析；日照分析；方案模拟分析等	建议开设《BIM与建筑设计》、《BIM规划设计》
	工程管理类专业课（土建、安装）	工程管理类专业BIM应用知识与方法；BIM应用流程：BIM应用规划、标准和流程；基于BIM的施工现场管理；基于BIM的施工工艺设计与模拟；基于BIM的进度管理；基于BIM的算量与计价；基于BIM的沟通管理，BIM与成本管理，BIM与集成管理，BIM与设施管理、基于BIM的工程项目协同管理等	碰撞检查，程量计算，成本预算，施工方案演示，4D进度模拟，协同应用和管理平台	建议开设《BIM与工程管理》

BIM课程类别	课程性质	教学内容	实践教学平台（软件）配置	备注
BIM专业应用课程	结构工程类专业课	结构工程类专业 BIM 应用知识与方法；基于 BIM 的结构构件（体系）属性定义及分析	结构计算、碰撞检查、预制化、施工布置等	—
	设备工程类专业课	设备工程类专业 BIM 应用知识与方法；基于 BIM 的施工方案模拟；基于 BIM 的深化设计；基于 BIM 的设备运行模拟	碰撞检查、施工方案模拟、4D 进度模拟、施工现场模拟	—
BIM的综合应用课程	综合性专业课	BIM 实施规划与控制；BIM 模型的质量管理与控制；BIM 模型的多专业综合应用；BIM 的协同应用管理；BIM 的扩展应用。BIM 的标准、流程；BIM 未来发展及其他技术的融合等	协同应用和管理平台及其他相关技术平台（软件）	—

注：BIM 实践教学平台（软件）配置情况（2017 版）见附录 8。

表 4-2

工程管理专业的 BIM 课程体系（本科）

BIM 课程类别	课程名称	开设方式	教学内容	组织形式	实践教学平台（软件）配置
BIM 基础应用课程	画法几何	植入	BIM 识图及建模软件的基本操作：点、线、面及三维立体的投影；平、立、剖面图的相关知识	课堂教学、实践教学	2D与3D图形平台；碰撞检查，工程量计算，施工方案演示，进度模拟等 BIM 专项应用平台
	工程制图与计算机绘图（BIM）	植入	BIM 的基本原理：发展历程及简介，应用及发展，标准与工作方法；BIM 建模软件的基本操作：模型的包建与修改，标注与注释，成果输出；BIM 的基本应用技能：模型维护，沟通，数据交换，碰撞检测，图档输出	课堂教学、实践教学	—
	工程管理概论	植入	BIM 技术的应用；BIM 技术与发展	课堂教学、行业专家讲授	—
BIM 专业应用课程	工程造价管理	植入	基于 BIM 的工程算量与计价；基于 BIM 标准	实践教学、实践教学	工程量及工程预算平台（软件）
	工程项目管理	植入	基于 BIM 的进度管理（4D）、基于 BIM 的成本管理（5D）、基于 BIM 的项目协同管理	课堂教学、实践教学、行业专家讲授	3D 图形平台、4D 进度模拟、5D 预算、施工演示、协同应用和管理平台（软件）
BIM 综合应用课程	BIM 与工程管理	单独开课	除工程管理专业的 BIM 应用课程内容之外，还包括 BIM 的综合应用内容、标准、实施规划，流程设计、设施管理应用，未来发展	课堂教学、实践教学、行业专家讲授	3D 图形平台、4D 施工演示、5D 预算、施工演示、协同应用和管理平台（软件）及其他拓展性技术平台
	毕业设计	植入	BIM 应用技能的综合性实践	实践教学、行业专家讲授	同《BIM 与工程管理》

注：BIM 实践教学平台（软件）配置情况（2017 版）见附录 8。

表 4-3

建筑工程技术专业的 BIM 课程体系（专科）

BIM 课程 类别	课程名称	开设 方式	教学内容	组织形式	实践教学平台（软件）配置
BIM 基础 应用 课程	土木工程构造 与识图绘制图	植入	BIM 识图及建模软件的基本操作：点、线、面 及三维立体的投影：平、立、剖面图的相关知识	课堂教学、 实践教学	2D 与 3D 图形平台：碰撞 检查、工程量计算、施工方 案演示、进度模拟等 BIM 专 项应用平台
	BIM 技术 （一）	单独 开课	BIM 的基本理论：简介、技术特征、标准及应用 规范、数据共享及协同工作方法、应用与发展等； BIM 建模软件的基本操作：建筑模型的创建与 修改、标注与注释，图纸审查，渲染出图	纯实践教学	
	建筑工程 施工管理	植入	基于 BIM 的进度管理（4D）、基于 BIM 的成本 管理（5D）、基于 BIM 的项目协同管理	课堂教学、 实践教学	3D 图形平台，4D 进度模 拟，5D 预算，施工演示，协 同应用和管理平台（软件）
	建筑工程 计量与计价	植入	基于 BIM 的工程量统计、工程造价	课堂教学、 实践教学	工程量及工程预算平台 （软件）
BIM 专业 应用 课程	BIM 技术 （二）	单独 开课	创建结构模型、结构施工图纸检查 创建 MEP 模型、MEP 施工图纸检查	纯实践教学	3D 图形平台：碰撞检查、 工程量计算、施工方案演示、 进度模拟等 BIM 专项应用 平台
	BIM 应用 项目课程	单独 开课	结合实际工程项目进行实训，基于 BIM 的进度 管理（4D）、基于 BIM 的成本管理（5D）、基于 BIM 的项目协同管理	纯实践教学	3D 图形平台，4D 进度模 拟，5D 预算，施工演示，协 同应用和管理平台（软件）
	毕业设计	植入	专业性的 BIM 应用技能实践	实践教学， 行业专家讲授	3D 图形平台，4D 进度模 拟，5D 预算，施工演示，协 同应用和管理平台（软件）

注：BIM 实践教学平台（软件）配置情况（2017 版）见附录 8。

5 高等院校 BIM 实验室建设导则

5.1 BIM 实验室建设的目标

5.1.1 BIM 实验室作为 BIM 教育中教学与科研的重要组成部分，其通过 BIM 软件的引进、开发和应用，以及相应课程的研发，提高学生实际应用 BIM 技术的能力；同时 BIM 实验室可以作为工具和平台为 BIM 的科学研究、工程实践咨询提供重要的支撑。

5.1.2 高校建设 BIM 实验室应以支持 BIM 的学术研究、BIM 人才的培养以及 BIM 的工程实践为目标。

5.2 BIM 实验室建设的原则

5.2.1 一致性原则

高校 BIM 实验室应与学校自身的人才培养目标相一致，与相应学科的特色相适应，与 BIM 的教学和研究相配套。

5.2.2 开放性原则

BIM 实验室在实施 BIM 教学与研究时，应为师生提供一个多样化的教学及沟通平台。实验室在组织建设和运行方面，应加强与行业企业及其他高校的合作与交流，有利于实现资源共享和协作共赢。

5.2.3 持续发展性原则

实验室在建设初期应依据教学及科研需要，做好实验室建设的中长期规划，包括建设场地选择，设备及软硬件选型及购置计划等；BIM 相关硬件配置应具有一定超前性，以适应 BIM 技术的发展需求。

5.2.4 可拓展性原则

高校 BIM 实验室的建设在满足目前 BIM 技术基本应用的基

础上，还应考虑将来实验室进行跨专业、跨学科的拓展性运行需求，形成与其他学科或技术相结合的多功能的综合实验室。

5.3 BIM 实验室的功能定位

5.3.1 BIM 实验室的功能主要有学术研究、实践教学、项目实训、工程咨询、职业培训等。

5.3.2 学术研究功能指 BIM 实验室能支持与 BIM 相关的科研活动。

5.3.3 实践教学功能指实验室教学与高校 BIM 的课程方案相配套，提供软硬件支持，也提供了相应案例以及相关教学资源。

5.3.4 项目实训功能指 BIM 实验室对人才的培养注重 BIM 知识与技能的综合性应用，提供具体的工程项目进行全方位系统性的实训。

5.3.5 工程咨询的功能指高校 BIM 实验室团队可以正式承接 BIM 相关的工程咨询项目，同时结合科研课题，兼具了人才培养和科学研究作用。

5.3.6 职业培训功能指 BIM 实验室的教学可提供 BIM 相关职业技能的培训。实验室所涉及的职业技能应包括 BIM 相关的岗位职能课程和职业素养课程。在 BIM 技术应用能力的培养方面，根据学生的不同的岗位需求配置相应的培训内容。

5.3.7 高校在进行 BIM 实验室功能定位时，应紧密结合本校学生的专业水平、课堂兴趣以及本校的教学资源，紧密结合相应的人才培养目标和充分发展学校的教育特色。

5.4 BIM 实验室组织建设模式

5.4.1 高校建设 BIM 实验室主要有两种组织模式，校企共建模式和学校独立建设模式。

5.4.2 校企合作共建实验室模式指高校与企业以资源共享、共同协作为宗旨，通过开展以 BIM 技术为主题的学术研究，和以企业项目的实践应用共同推动 BIM 的实践教学和科学研究，从而形成优势互补的共赢合作模式。

5.4.3 建议在有条件的情况下，高校与企业形成紧密的"产-学"结合模式或者"产-学-研"结合模式。

5.4.4 高校在 BIM 实验室建设过程中，建议学校层面给予政策、师资和经费等方面的支持。

5.5　BIM 实验室规模

5.5.1 常规 BIM 实验室（不包含大型的特殊性的仪器设备）的规模，根据固定的建模工作站数量（即计算机机位数量）分为大、中、小三类型，各类型建议数量见表 5-1。

常规 BIM 实验室规模建议　　　　　　　　表 5-1

规　模	小型	中型	大型
机位数量（个）	20 以下	20～50	50 以上

5.5.2 拓展性的综合 BIM 实验室的建设需进一步结合信息通信技术在建筑行业的应用现状和发展需求，在常规 BIM 实验室的基础上增加多种设备及软件，如 3D 打印机、激光扫描仪、测量机器人、VR 头盔、AR 设备等。

5.6　BIM 实验室场地布局

5.6.1 BIM 实验室场地的大小应能承载相应的实验室规模以及满足实验室相应的功能需求。

5.6.2 BIM 实验室场地的布局应与实验室功能以及具体的教学和科研活动内容相适应。

5.7　BIM 实验室仪器设备及软硬件配置

5.7.1 常规 BIM 实验室内基本仪器设备的配置应至少能满足 BIM 应用技能的实训需求。表 5-2 提供了一个参照方案。

	仪器设备名称	数量	描述	用途
1	BIM 教师工作站	3~5	高性能台式计算机（参考配置：i7 处理器，3.4G 主频或以上；32G DDR3 内存；4G 独立显卡或以上；其他为标配及以上水平）	支持教师科研及大数据处理，特别是 BIM 技术的实际工程数据
2	BIM 移动工作站	2	高性能笔记本电脑（参考配置：i7 处理器，2.4G 主频或以上；内存容量 32G；显存 8G 独立显卡及以上；其他为标配及以上水平）	用于对外交流和移动办公
3	学生用电脑	按需	高性能台式计算机（参考配置：i7 处理器，3.4G 主频；16G DDR3 内存，最大支持 32G 内存；4G 独立显卡或以上；其他为标配及以上水平）	用于学生学习及培训、用于 BIM 团队的协作
4	BIM 工作台	1	配套 BIM 协同专用桌椅，符合 BIM 技术专业协同工作设计，根据现场定制	BIM 工作台按计算机数量配套计算，应支持多人协同工作
5	多媒体设备	1	投影机（含幕布）、中控台、中控一体机	教学、科研、项目会议、培训交流必要设备
6	服务器及配套机柜、交换机	1	系统服务器或服务器组配置要求 2×四核 XEON E5 或以上处理器；32G ECC 或以上内存；硬盘 3T 或以上；机架式机箱；其他为标配及以上水平	BIM 数据交换与存储
7	多功能会议桌椅	1	15 人左右会议桌（含桌椅），满足 BIM 技术交流；75 英寸以上多功能触摸式一体机	支持科研交流、技术讨论等
8	网络设备	1	采用千兆网线	用于局域或广域网的协同工作
9	基础办公设施	1	空调 2 台、装修、室内文化布置等	保证良好的环境、提升 BIM 实验室形象

5.7.2 计算机配置方面，其硬件性能应与所配置软件的要求相匹配，同时立足于可持续性发展的原则，BIM 平台软件对于承载其运行的计算机的性能有着持续性的高要求，学校应以培养人才为根本，对此尽可能提供支持。

5.7.3 软件及平台的配置应根据实际的 BIM 应用需求、数据安全、软件和平台的标准通用性以及售后服务等方面进行选型，建议选用相应 BIM 软件及平台中稳定成熟的发布版本。

5.7.4 软硬件的获取途径应根据实验室的建设条件进行选择，获取的一般途径包括购买、租赁、接受企业赞助等。目前市面上可为高校供应的软件平台版本分为免费版、教育版、商业版，同一类软件的不同版本功能有所不同，需注意明确版本之间的差异而进行合理的选择。

5.7.5 非常规 BIM 实验室（即拓展性的综合型 BIM 实验室）仪器设备的购置与选型，各高校根据自身实验室的实际需求和功能目标进行配置。

5.8　BIM 实验室人员配备

5.8.1 BIM 实验室应配备具备 BIM 知识与应用技能的专任教师或技术人员。

5.8.2 BIM 实验室的人员组织结构应是多元化的，需同时引进从事 BIM 相关科研、教学、实践所需的师资或 BIM 专业技术人员。

5.8.3 引进多元化师资的途径主要有与相关企业的合作、高校之间的交流（包含与国际上的企业与高校进行合作与交流）等。

附录1 国内外高校 BIM 教育现状分析

一、国际上 BIM 教育现状分析

1. 美国

美国作为发起 BIM 技术和虚拟设计与施工（Virtual Design and Construction，VDC）的国家，均已在学术界和工业界开展了许多探索和应用，并取得了很好的科研成果。美国联合承包商协会（The Associated General Contractors of America，AGC）、斯坦福大学（Stanford University）、佐治亚理工大学（Georgia Institute of Technology）等一系列高等教育机构都开展了 BIM 技术的教育培训，在 BIM 课程的开设和 BIM 实验室的建设两个方面均有较为突出的表现（美国部分高校 BIM 课程设置现状一览表见附录2）。

美国联合承包商协会开设了 CM-BIM（the Certificate of Management-Building Information Modeling）的教育课程，这门课程是由先进的 BIM 从业人员、科技公司和教育部门共同开发的，目的是在建设项目中以及企业的内部使得行业内各专业人才为成功实施 BIM 技术作好准备。这门课程提供了共 40 小时的课堂讲授和实训环节。课程内容共有四个单元，分别为：BIM 的介绍、BIM 技术、BIM 合同谈判及风险分配和 BIM 的流程、采用和集成，其中在第二单元 BIM 技术具备上机操作的教学板块（AGC 的 CM-BIM 课程详细内容见附录3）。

斯坦福大学的设施集成化工程中心（The Center for Integrated Facility Engineering，CIFE）开设了 BIM 和 VDC 的本科和研究生课程。以土木与环境系为主导，与建筑系和计算机系合作开设了相关课程，通过研讨会、实习等途径为学生提供切实可行的学习 BIM 和 VDC 的机会。CIFE 还提供了 VDC 的证书课程，包括建筑、工程、施工（AEC）和设备管理（FM）相关的内容，目前已开设几门主要课程分别是："VDC 在工业界的应用"（Industry Applications of Virtual Design & Construction）、"BIM 研讨会"（Building Information Modeling Workshop）、"BIM 专题研究"（Building Information Modeling Special Study）（CIFE 提供的 VDC/BIM 课程详细情况见附录 4）。

佐治亚理工大学的 BIM 教育以建筑系（School of Architecture）为主导，与建筑工程系（School of Building Construction）合作组建研究团队，开设了三门 Revit 相关的实训课程，在建筑工程系开设了 BIM 案例研究课程，名为"基于 BIM 的多学科集成"（BIM for Multi-Disciplinary Integration），旨在从技术、设计和建设实践的角度来了解 BIM，将 BIM 技术作为建筑工程系本科生的专业课程，这门案例课程没有设置软件实训的内容，课程开展的主要通过研究总结现有的案例、设置课程研讨会、开发新的案例进行研究三个方面进行。实验建设方面，在设计学院（College of Design）下设了数字化建筑实验室（Digital Building Laboratory，DBL），以及在建筑系下设高能效建筑实验室（High Performance Building Laboratory，HPBL），两个实验室均包含了 BIM 技术作为研究内容。校企合作方面，佐治亚理工大学与德国 RIB 集团合作开设了"BIM & iTWO"课程，授课的教授一部分来自 RIB 公司，一部分来自佐治亚理工大学，同时还联合建立了 iTWO 5D BIM 实验室，作为师生的科研和项目实践的平台。

2. 新加坡

新加坡的 BIM 应用推进工作得到了政府部门的大力支持，在 BIM 人才的教育培养方面也取得了一定的成就。根据《2016 年全球 BIM 教育报告》（*BIM Education-Global _ 2016 Update Report*.*V*3.0）中显示，新加坡有 8 所高等院校一共开设了 30 个全日制 BIM 课程和 14 个在职的 BIM 课程，截至 2015 年，已有超过 2500 名全日制学生和 8500 名专业人士完成了的 BIM 培训。三分之二的大学在他们的本科和硕士课程中设置了 BIM 模块；南洋理工大学和新加坡国立大学也成立各自的 BIM 中心，致力于提升有关 BIM 方向的科研能力。高等职业教育院校应用 BIM 技术则主要针对的是软件的应用能力，用于服务一些专业技术课程，比如建筑空间设计、土木及结构工程设计和设备系统设计等。

BCA 学院（The Building and Construction Authority Academy，BCAA）作为新加坡建设局的建设教育和研究机构，设置了 BIM 和 VDC 两个专科学位，取得学位前需考核以下四个方面的内容：运用 BIM 技术进行建模（包括建筑、结构、机电专业）；基于 BIM 的工程项目管理；基于 BIM（为业主和设施管理人员）的规划；基于 BIM 的管线综合（MEP）协调。对于 BIM 在施工管理中的应用，BCAA 还与澳大利亚的纽卡素大学（University of Newcastle）合作开设了一门本科水平的课程——"建筑工程管理"（Construction Management（Building））。报告中还显示，超过 700 名全日制学生和 3700 名专业人士通过了 BCAA 的 BIM 相关课程培训。2015 年底，BCAA 成立了精益和虚拟工程中心（the Centre for Lean and Virtual Construction，CLVC），这是第一个沉浸式体验和学习"BIM、VDC 和精益建设"的场所，目的是了鼓励高校和行业企业到中心进行训练和体验式学习。

3. 德国

德国土木工程计算协会（German Association of Computing in Civil Engineering，GACCE）提供了高校 BIM 的教学大纲并针对本科和硕士培养层次推荐了详细的教学内容（GACCE 推荐的 BIM 课程大纲见附录 5）。

GACCE 的建筑信息化工作组通过这种方式明确了 BIM 教育的重要性，确定应该面向建筑土木大类的高校学生开设 BIM 课程。定义了 BIM 技术的基本内容和拓展内容，明确了 BIM 课程的教学目标是帮助学生建立关于 BIM 应用方法论的知识，使得他们具备在建设企业和公共机构中引进、发展、管理以及监控

BIM 过程的能力。因此，更深入地了解 BIM 基础理论和基础技术是不可或缺的，即大学的 BIM 教学重点在于一般原理和技术的讲解，这些原理和技术应不依赖于具体的软件产品，并且能在几十年的时间内具有有效性，理论内容可以通过现有软件产品的实践练习进行补充。

4. 国际上 BIM 教育现状小结

通过对国际上具有代表性的地区（美国、德国和新加坡）的高校的 BIM 教育现状的了解与分析，上述经验可以从不同层面不同角度为中国高校 BIM 教育的创新和改革提供新的思路，尤其 BIM 课程的设置和 BIM 实验室的建设两个方面。

首先从国际范围的 BIM 教育现状来看，BIM 的教育培训在高等院校中越来越受到重视，很多不同层次的土木类院校都开设了 BIM 相关的课程以及进行了 BIM 实验室的配套建设，由此看来，高校实施 BIM 的教育和培训是一个普遍的现象和趋势。

在 BIM 的教育和培训过程中，一般采用"产学模式"，即专业的 BIM/VDC 公司为学校在相关人才培养方面的提供反馈，与高校形成相互协作（例如以合作开设课程、共建 BIM 实验室的方式）、资源（包括师资、软硬件配置资源）共享的局面，以帮助高校持续为建设工程领域培养更多优秀的应用复合型人才。

关于 BIM 的教学，主要有以下四点经验值得借鉴：

（1）在思想上应明确 BIM 技术是一个整体的系统，应注重 BIM 技术的集成应用，避免针对具体某款软件、各参数化设计孤立讲解，内容上应做到理论讲解、协同实践和案例分析并重；加强不同专业的互操作性以及 BIM 与相关专业的融合学习。

（2）BIM 的教学采用课堂教学、实践教学、案例研究、讲座、研讨会等多种组织形式，对于实践教学的课程环境建议引入各种先进的教学仪器，改善教学所需的软硬件配置，建立相配套的 BIM 实验室，旨在增强学生的协同创新能力。

（3）在实践教学过程中，应注重 BIM 在实际工程行业的实践应用，结合真实的项目或案例，培养学生的整体设计思维和能力。

（4）BIM课程的开设分层次分等级，在研究生教学中，除了讲授现有的理论知识外，还多采用讲座、专题报告、研讨会等组织形式。

相比较而言，BIM课程在建筑规划设计专业和工程管理专业的分量较为突出，很多学校的建筑规划设计和工程管理专业都设置了专门的BIM课程，这与这两个专业的综合性以及这两个专业相关的BIM技术应用模式密切相关。

二、国内高校BIM教育现状分析

1. 高校BIM教育相关组织建设

国内高校对实施BIM的教育和培训的响应已十分热烈，尤其是在2010年以后很多高校都相继成立了BIM相关的组织与社团，致力于BIM的学习与研究。

在学校或院系层面，目前各地很多高校成立了BIM研究中心，例如同济大学下设"同济大学Autodesk建设全生命期管理（Building Lifecycle Management，BLM）联合实验室"和"211工程管理信息化实验室"、上海交通大学设有"BIM研究中心"、重庆大学有"BIM研究中心"和"BIM工程中心"、华中科技大学"BIM工程中心"等等，此类研究型高校的组织一般是由具备学术研究能力的BIM专家或教授发起成立，兼具科研和教学的功能。许多高职院校也成立了BIM实训中心，主要用于BIM的实践教学或职业培训，提高高职人才的BIM职业应用能力。概括下来，目前BIM实验室的功能主要为：BIM教学、BIM相关的学术研究、工程实践、BIM职业技能培训等。除此之外，在校企合作方面，广东番禺职业技术学院、黑龙江东方学院等高职院校通过校企合作，设立BIM项目工作组，让学生在实践中掌握BIM技术；部分高校与建设单位或BIM软件公司达成合作，通过联合成立BIM实验室或搭建学生实习平台方式进行BIM人才的培养。

在学生层面，目前各高校土建类专业学生对于 BIM 的学习热情高涨，促成了一部分高校学生兴趣社团的出现，如成立学生社团兴趣较早的有重庆大学 BIM 俱乐部和同济大学 BIM 学生俱乐部，随后上海交通大学、上海大学、清华大学、浙江大学、南昌大学等高校的 BIM 兴趣社团也纷纷成立。另外，由同济大学、重庆大学、上海交通大学在内的十二所高校学生组织自发地结成了"高校 BIM 学生联盟"，借助网络时代的便利，线上线下组织了一系列关于建筑信息化、BIM 技术学习的校际交流活动。

2. 高校 BIM 课程开设及其资源配备现状

（1）BIM 课程开设方面

目前国内大陆地区部分高校已经开设了 BIM 相关的课程，本科阶段土建类专业的 BIM 教学主要有三种模式：新开设一门有关 BIM 的课程；在现有的课程体系中融入 BIM 的内容；进行一些专门的 BIM 培训。如重庆大学开设"BIM 概论"，哈尔滨工业大学开设"BIM 技术应用"，同济大学在工程管理专业单独开设"虚拟设计与施工"，还在工程管理专业的其他专业课程中嵌入 BIM 模块，结合多种 BIM 软件就工程造价电算化教学及 BIM 技术进行的研究，中南大学、陕西铁路建筑职业技术学院等开展 BIM 技术与虚拟仿真实验教学，大连理工大学举办 BIM 软件的培训等。

在香港地区，《2016 年全球 BIM 教育报告》中显示香港各院校共提供了 19 门 BIM 课程作为相应学位课程中的一部分。职业训练局（The Vocational Training Council，VTC），包括职业教育学院（the Institute of Vocational Education，IVE）和香港大学专业进修学院（HKU Space），共提供了 20 个 BIM 相关课程，开设方式为在相关课程中植入 BIM 模块和单独开设两种方式。

香港中文大学建筑学院开设了"住房设计和施工技术"课程，课程中设置了 Revit 研讨会，专门教授 Revit 的应用。

香港大学（The University of Hong Kong，HKU）的建筑学

院，有三门关于 BIM 的课程，分别是"建筑信息模型与管理的介绍"（Introduction to Building Information Modeling & Management）、"建筑实践中的建筑信息模型"（Building Information Modeling in Architectural Practice）和《建筑通信》（Construction Communication）。土木工程学系也于 2014 年新开设了一门名为"建筑信息模型：理论、发展和应用"的研究生课程。

香港理工大学建筑及房地产学系，有五门 BIM 相关的本科生课程，贯穿五个学年；在土地调查及地理信息学系，也有三门本科生 BIM 课程，贯穿四个学年。

针对 BIM 课程开设对象的不同，各高校引入 BIM 技术的目标不同。国内已有部分高校开设了 BIM 相关的课程见表 1。其中部分研究型高校还开设了 BIM 方向的工程硕士学位，并配套制定了相应的人才培养方案（国内某高校工程硕士培养（BIM 方向）课程设置方案见附录 6）；另有高等职业（专科）院校也开设了 BIM 相关的专业及课程，常见的有"建筑项目信息化管理"专业和"建筑工程技术"专业两个专业（国内某高等职业（专科）院校 BIM 相关专业课程设置方案见附录 7）。

高校 BIM 课程设置现状一览表　　　　　　　　　　表 1

教学对象	高校名称	BIM 课程设置	教学目标
研究生	华中科技大学	增设 BIM 方向的工程硕士学位，培养方案里包含一系列 BIM 相关课程	系统性培养 BIM 综合管理人才
	广州大学、武汉大学、重庆大学	校企合作，开设《BIM 概论》、《项目案例分析与应用》	培养 BIM 综合管理人才
高等职业院校学生	天津市城市建设管理职业技术学院	增设"建设项目信息化管理"专业；校企合作，将 BIM 融入教学实践中	培养 BIM 的高素质高技能人才
	陕西铁路建筑职业技术学院、上海建材学院	校企合作，设置了 BIM 教学平台，BIM 技术和虚拟仿真实验教学	把 BIM 技术运用到建筑工程相关专业课程教学过程中

教学对象	高校名称	BIM课程设置	教学目标
研究型大学本科生	大连理工大学	成立BIM技术实训中心,举办工程管理软件的培训与教学活动	培养学生的BIM软件应用能力及逐步融入到教学中
	哈尔滨工业大学	开设"BIM技术应用"课程	介绍BIM基本概念、BIM在建筑设计和施工中的应用等
	重庆大学	工程管理类专业开设"BIM概论"相关课程	介绍BIM基本理论和Revit基本操作
	同济大学	开设"虚拟设计与施工和BIM的理论与应用"课程;运用BIM软件进行工程管理相关的电算化研究	拥有Autodesk全套软件及Bent-ley、广联达等软件。并开发多种软件产品
技术应用型大学本科生	延安大学	BIM与毕业设计结合	以BIM为基础,培养实践技能

（2）资源配备方面

1）师资方面。BIM的教育强调"技术与管理并重,理论与实践相结合"。结合目前国内高校课程体系设置现状,目前国内高校在BIM教学师资存在BIM专任教师数量不足和教师BIM知识水平有限两个方面的问题:

教师数量方面。对于普通高等教育院校而言,对教授本科阶段和研究生阶段BIM课程的教师的要求一般是BIM研究方向的教授或专家,对教学质量有较高的要求,而现实是符合以上要求的教师在各高校中往往数量很少;对于高等职业院校而言,办学规模越来越大,对师资的需求也随之增加。

BIM 教育教学水平方面。高校从事 BIM 相关专业教育的教师除了要熟悉专业理论知识外还要掌握一定的实践技能，尤其是 BIM 技术的应用技能。然而就目前的情况而言，很大部分 BIM 技术应用的优秀人才集中在企业里，他们既有实际工程经验，又具备 BIM 技术的应用技能。由此，引进企业经验人士作为高校 BIM 教学师资将是 BIM 教育的改革方向之一。

2）教学环境方面。目前国内高校大都沿用传统的机房配置用于 BIM 教学，这与当前的 BIM 课程设置特点相关，已开设的大部分 BIM 课程在实践环节仅仅需要进行简单的软件操作，互操作性要求很低，而且 BIM 相关软硬件设施配备单一，不利于实现 BIM 的集成化应用和系统性的教学模式。

3. 高校 BIM 实验室建设及其资源配备现状

（1）高校 BIM 实验室建设现状

关于目前国内各高校 BIM 实验室的建设情况，一些研究型或综合型大学成立 BIM 研究中心，大多朝着前沿与科研方面发展，侧重于理论研究和软件开发。大陆地区，如清华大学针对 BIM 标准开展研究、上海交通大学进行的 BIM 在协同方面的研究、同济大学 Autodesk BIM 联合实验室致力于建筑全生命周期的信息化管理研究。在香港地区，香港理工大学建立了建筑虚拟模型实验室（The Construction Virtual Prototyping Laboratory, CVPL）提供了覆盖建筑信息模型（BIM）、解决方案的过程仿真和建筑行业专业培训等工业服务。应用型高校强调实践教学及企业合作，培养具备 BIM 技术的项目管理应用型人才。如宁波工程学院、青岛理工大学、蚌埠学院等先后建立了 BIM 实验室，广东番禺职业技术学院、黑龙江东方学院进行校企合作，以为企业输送专业的 BIM 人才为导向从而制作了订单式培养方案，通过设立 BIM 项目工作组，让学生在实践中掌握 BIM 技术，使其具备毕业即可直接从事相应 BIM 岗位的工作（多为建模员和专业 BIM 工程师岗位）的职业技能。国内部分高校 BIM 实验室建设情况见表 2。

高校 BIM 实验室现状一览表   表 2

高校类型	高校名称	BIM 实验室	建设目标
研究型大学	深圳大学	校企合作，设立 BIM 研究中心	培养学生 BIM 软件应用能力
	清华大学	成立 BIM 实验室	对 BIM 标准开展研究
	四川大学	成立 BIM 研究中心	进行 BIM 研究和教育研究
	大连理工大学	成立 BIM 技术实训中心，举办工程管理软件的培训与教学活动	培养学生的 BIM 软件应用能力及逐步融入教学中
	上海交通大学	成立 BIM 协同研究虚拟实验室，建立校企合作关系	致力于 BIM 的研究和应用
	天津大学	校企合作成立 BIM 实验室	致力于 BIM 的研究和综合性应用
	重庆大学	成立 BIM 研究中心，BIM 工程中心	致力于 BIM 的研究和应用
	同济大学	"同济大学 Autodesk BIM 联合实验室"、"211 工程管理信息化实验室"	培养现代化综合型工程管理人才
技术应用型大学	江苏科技大学	成立 BIM 技术培训实训中心	为建设行业培养急需的 BIM 技术人才
	大连民族学院	工程管理可视化综合实验	学生掌握 BIM 技术及 BIM 技术所提供的服务如何在项目中得到应用
	宁波工程学院、青岛理工大学、蚌埠学院	与广联达合作，建立 BIM 实验室	通过实训室的建立，逐渐完善 BIM 课程体系

（2）BIM 实验室资源配备现状

1）软硬件配置方面

国内的 BIM 实验室在硬件配置内容主要包括：教师和学生

26

用计算机、多媒体设备、基础办公配套（办公桌椅、会议桌等）等。在软件配置方面，市场上现行的 BIM 软件种类繁多，软件版本更新速度快且各软件之间数据兼容性差和协同性较差，因此对于软件的选型和使用均具有较大的不确定性，很难选到合适的软件系统。

2）人员组织方面

目前国内高校 BIM 实验室的人员组织一般由研究生导师和所带领的研究生构成，另外也存在一部分高校有条件形成了校企合作的 BIM 实验室，因为形成与企业直接的合作的关系后，实验室往往也会加入一些企业人员，形成多元化的人员组织结构。由于 BIM 实验室很大程度上依赖于计算机软硬件的支撑，甚至部分学术研究和工程实际的应用将直接融合更多元的信息通信技术，所以适当配备相应 IT 专职人员也显得十分必要。

5. 国内 BIM 教育现状小结

国内高校的广泛开展着各式各样的 BIM 教育培训活动，归纳起来常见的有以下几种：增设 BIM 方向的专业学位、开设 BIM 课程、成立 BIM 实验室、成立 BIM 项目组、举办 BIM 专题论坛或讲座、学生自发组织校际间的 BIM 学习交流、学生参与实践型 BIM 比赛等。开设 BIM 课程和建设 BIM 实验室作为高校 BIM 教育的重要环节，就现状而言尚缺乏系统性和规范性，目前高校培养的土建类专业人才或 BIM 专业人才与建筑行业的真正需求还存在较大差距，值得进一步探索和研究。

高校 BIM 课程体系设置方面，开课方式也主要是独立成课和将 BIM 知识模块植入专业课程两种形式，目前国内高校 BIM 知识体系的构建缺乏系统性，学生无法真正地掌握 BIM 技术；且 BIM 教学水平均处于初步尝试的阶段，对于应该把哪些 BIM 知识和内容融入教学中，又如何把复杂的 BIM 知识体系进行分解，融合到各土建类专业培养方案中去，形成知识体系等问题还不是很清晰。

高校 BIM 实验室的建设水平参差不齐，主要原因有：

（1）不同类型的院校根据自身对 BIM 人才的培养目标不同，对 BIM 实验室的功能定位不同。例如研究型高校建设 BIM 实验室需同时具备教学和科研两大功能。高职（专科）院校的 BIM 实验室也同时包括了项目实践或职业培训的功能。

（2）BIM 的知识体系涵盖面相当广泛，同一类型的院校建设实验室的侧重点也有所区别。例如同为研究型高校的清华大学和上海交通大学，目前清华大学 BIM 实验室更加关注 BIM 政策和标准方面研究，而上海交通大学的 BIM 中心更加侧重于 BIM 协同以及数据互操作性的研究。

（3）不同院校依附于各自擅长的工程领域或专业背景，其 BIM 实验室的教学和研究侧重点有所不同。例如建筑工程领域、轨道交通领域、水利工程、地下工程领域等。

另外，BIM 课程设置和实验室建设还在组织建设、教学环境、师资配备及 BIM 教学研究软硬件配置等多方面的问题不够明晰。因此，综合上述 BIM 教育现状的分析，本导则分为两部分，一是"高等院校 BIM 课程设置导则"为全国开设土建类专业的高校提供一个系统性的课程设置思路，二是"高校 BIM 实验室建设导则"特针对高校 BIM 实验的建设提出一个框架性的建议，整体内容供初步参考。

附录 2 美国部分高校土建类专业的 BIM 课程一览表

美国部分高校土建类专业的 **BIM 课程一览表**   表 3

机构	课程名称	课程简介（教学目标）
马萨诸塞大学阿默斯特分校	CAD 与 BIM 的高级课程	具备建筑 CAD 软件及其在设计和施工阶段的应用等深化知识； 具备在三维模型中工作以及创建三维组件和建筑模型的能力； 具备创建参数化模型和提取数据的能力； 具备使用基于 CAD 的工具解决规划过程中的技术问题的能力； 了解常见的 BIM 软件如 Revit，Navisworks，SketchUp 和 AutoCAD 等
斯坦福大学	BIM	创建、管理和应用 BIM； 创建建筑组件和几何图形的 2D 或 3D 计算机表达的流程和工具； 在模型上操作，包括生成建筑方案图、施工图、效果图、动画以及同其他分析工具相结合应用
东南密苏里州立大学	BIM	理解建筑信息模型（BIM）的概念； 明确 BIM 软件和相关技术； 能使用 BIM 软件创建建筑的模型； 能在建筑施工项目中使用 BIM 进行碰撞检测； 探索使用 BIM 进行施工工期和工序的编排； 探索使用 BIM 进行成本估算； 探索 BIM 如何应用于辅助设施管理
南方州立理工大学	BIM	培养应用 Revit 生成和修改 BIM 模型的知识和技能； 能应用 BIM 进行工程量计算和成本估算； 能应用 BIM 提前确认关于可施工性的问题

机构	课程名称	课程简介（教学目标）
阿肯色大学	BIM	熟悉 BIM 应用于住宅和商业项目的基本功能； 理解几何、空间关系、地理信息、房屋构件的数量和性质； 创建虚拟建筑模型并应用于工程计量
普渡大学	BIM 应用于商业建筑	理解 BIM 用于商业建筑； 理解建筑组件的几何、空间关系、地理信息、数量和属性
南加州大学	建筑信息模型及集成化实施	理解从 2D 表现到 3D 仿真的转变； 熟悉 BIM 技术的现状； 理解关于设计和施工两者的协调与配合的新方法； 理解连接和维护关于既有的与设计相关的 BIM 信息的连续性以及其他重要信息到模型里； 了解以"综合实践"（Integrated Practice）为目标的新的项目交付系统和技术； 了解关于如何将创新性的技术集成到当前的建设实践中的展望
俄克拉荷马州立大学	CAD 与 BIM 项目经理	具备应用 CAD 解读和生成施工图纸的能力； 掌握 BIM 理论知识和 BIM 软件的应用
马里兰大学	工程文档管理及 BIM 在建筑工程中的应用	了解施工文档的整理方法； 具备阅读和协调各专业施工图纸的能力； 掌握知识管理和 BIM 技术在设计和施工工艺中的实施
斯坦福大学	虚拟建造施工（VDC）技术在行业中的应用	熟悉建筑业虚拟设计施工（Virtual Design & Construction）的流程和开展项目管理的调研； 通过与房地产、建筑、工程、建设和技术支撑领域的专家的交流以了解 BIM 在实际工程中的应用情况和学习 BIM 与集成项目交付（IPD）之间的关系； 掌握如何评估 VDC 的成熟度：规划、应用、技术和实施绩效等维度

机构	课程名称	课程简介（教学目标）
华盛顿大学	虚拟建造	精通关于虚拟建造的实施流程、项目管理、BIM技术的应用、文档管理和质量控制； 有应用 BIM 进行 3D 可视化、场地规划、冲突检测和 4D 模拟的能力； 了解基于 Web 的项目管理系统、BIM 工具、施工合同、设计和施工流程； 了解设计方和施工承包商在 BIM 方面的权责关系

附录 3 美国联合承包商协会
管理证书 BIM 课程

美国联合承包商协会管理证书—BIM 教育课程　　　　　　表 4

单元	章节内容简介	小节内容	课时
第一部分： BIM 简介	BIM 简介——该章节的内容专门为工程建设领域想要了解 BIM 概念的专业人士开设。本章节的内容解释了通过使用 3D、4D 和 5D 模型实现建造过程的可视化；为系统化的 BIM 理论知识的学习打下基础；介绍和研讨成功实施 BIM 应用的实际工程案例	（1）BIM 的定义； （2）BIM 可视化应用和空间协调； （3）BIM 进度、评估和设施管理； （4）BIM 入门指南	8 小时
第二部分： BIM 技术	BIM 技术——此章节的内容探索了项目全过程 BIM 应用深度和应用点。BIM 应用在 QTO、出施工图、预制和项目进度计划方面对项目绩效有提高作用；模型的碰撞检测可以提高项目的进度和协调效率。本章节课程内容专门为指导工程建设领域的专业人士了解切实可行的实施流程，如何选择 BIM 的工具等方面的知识和技能，以探索如何通过应用 BIM 对项目估算、现场调度的影响效果和提高项目的协调水平	（1）BIM 技术、能力、流程、工具； （2）工程计量（QTO）进度和协调	8 小时

单元	章节内容简介	小节内容	课时
第三部分：BIM 合同谈判与风险分配	BIM 的合同谈判和风险分配——此章节的课程内容历时一天（8 小时），同时考虑 BIM 的验收和合同标准，更好地将 BIM 和项目合同集成起来。通过讨论实施标准、知识产权、保障措施和保障范围等热点问题，可以帮助参与方更好地做好 BIM 实施的准备。本章节的课程专门为有一定 BIM 概念或者参加过 BIM 基础理论课程的学员准备。课程内容需要一个高度参与性的学习环境，因此需要采取有互动、课堂自主讨论和教师指导讨论的形式	（1）BIM 合同谈判的介绍； （2）合同责任、义务和标准； （3）BIM 执行计划合同条款； （4）模型知识产权； （5）保险和担保债券； （6）风险分配与管理	8 小时
第四部分：BIM 流程、采用和集成	BIM 流程、采用与集成——此章节的课程内容历时一天（8 小时），为项目参与方组织和执行 BIM 的流程，以促进 BIM 的实施，实现 BIM 在单个项目的集成以及在公司层面实行多个 BIM 项目的模拟。本章节课程是为接触过 BIM 工具，了解力学、BIM 基础理论和实施过程或者通过参加了 BIM 基础理论课程、BIM 技术课程以及那些想要进一步学习以实现建设项目的最佳实践和商业价值的工程建设领域的专业人士开设的	（1）BIM 流程、采用和集成简介； （2）项目层面的 BIM 应用； （3）企业层面的 BIM 应用	8 小时

附录 4　美国斯坦福大学 CIFE 的 VDC 课程
斯坦福大学集成设施工程中心 VDC 课程

一、虚拟建筑与施工（Virtual Design and Construction）课程简介

虚拟建筑与施工（Virtual Design and Construction ，简称 VDC）是按照明确的目标通过多专业计算机模型的集成应用，以提高项目绩效；对于建设领域大大小小的组织来说它已经成为了一种重要的战略方法。

斯坦福大学集成设施工程中心提供的 VDC 课程概要：

（1）VDC 已经成功地应用到工程建设领域——可以在 CIFE 的学术研讨会上了解一些应用点以及参与 CIFE 提供的相关课程。

（2）VDC 有强大的理论基础——可以在 CEE 241/242 的课程上学到，也可以在 CIFE 的学术研讨会上了解一些介绍性的内容。

（3）VDC 需结合实际项目的应用被掌握——CIFE 所提供的课程中会提供经历实际项目的机会，具体是在上完 CEE 111/211 课程之后的寒假期间会提供一个短期的实习机会。

（4）VDC 会有一个非常生动的联合研究项目——具体在 CIFE 的学术研讨会上可以了解到。

（5）专业的 VDC 人才需求量很大——CIFE 的成员和朋友现在频繁地需求实习生和全职员工以专门支持他们的 VDC 工作。

二、获得 VDC 资格证书

斯坦福大学是世界上学习 VDC 方法的最好的地方之一。土木与环境工程系的课程、学术研讨会、实习和研究经历能为学生

们提供 VDC 相关的专业术语、文化、应用范围和实践方法。

斯坦福大学 CIFE 的 VDC 课程

表 5

课程编号	课程名称	内容简介	开课学期
CEE 100	土木工程项目管理	学习 3D 和 4D 计算机辅助建模和 VDC 的基础——即学习 CAD 的基础和基于 VDC 方法的项目管理。	春季
CEE 111/211	多学科专业整合模型化和分析	学习 3D 和 4D 计算机辅助建模和 VDC 的基础以及有机会申请一个短期实习。	冬季
CEE 112/212	虚拟设计与施工（VDC）在建筑行业内的应用	学习建筑行业的 VDC 项目集和项目的管理。	
CEE 122/222	工程项目全过程计算机集成	在跨学科的来自全球不同国家的项目团队应用尖端的互操作性技术学习敏捷性集成项目交付（IPD）。	冬、春季
CEE 241	项目规划和控制技术	从 VDC 的视角学习项目管理。	秋季
CEE 242	项目和企业组织设计	学习关于组织建模和预测行为的内容。	秋季
CEE 320	集成化设施建设的学术研讨会	对 VDC 的理论和实践进行简要的介绍。	秋、冬、春季（春季更为常见）
CIFE 提供的实习	为参与 CEE 211 课程的学生提供短期实习；与 CIFE 的工程实践成员共同研究和实习的机会（见 CEE 112/212）；也有可能获得在 CIFE 研究中心更加长的实习机会。		

附录5 德国土木工程计算协会（GACCE）BIM教学大纲

建筑信息化领域的高校 BIM 教学大纲

表 6

知识模块	BIM 的基础知识	BIM 的深化知识
引言和动机	• BIM 的定义 • 基于 BIM 的建设和基于 2D 图纸建设的比较 • 全生命周期的益处 • 数字工作环境，可持续数字过程的附件价值	• BIM 的成熟度
数字化建筑建模	• 面向对象建模 • 属性和关系 • 类型和族	• 面向对象建模（UML） • 参数化建模及基于特征的建模 • 分类系统（如 Uniclass, Omniclass） • 本体论
几何表达	• 二维表达 • 三维表达（包括边界表示，可施工性的立体几何，挤压技术）	• 任意形状建模（如 B 样条，NURBS）
BIM 数据交换	• 开放 BIM 和封闭 BIM（通用接口的优点） • 工业基础类（IFC）	• 数据建模语言（XML，EXPRESS） • COBie • 认证 • 细度（LOD）
BIM 数据管理	• 数据库技术 • 项目平台 • BIM 服务器	• 并发控制和版本管理 • 数据安全 • 系统架构（C/S、云、SaaS）

知识模块	BIM 的基础知识	BIM 的深化知识
数字化过程建模	<ul><li>计算机支持的系统工作</li><li>责任</li><li>项目协调</li></ul>（1）BIM 项目的过程化 （2）正式的过程描述（例如：信息交付指南，业务流程建模指南） （3）数据交换（交换要求，模型视图的定义） （4）模型集成/协调——协调模型（联合模型）	<ul><li>项目协调</li></ul>（1）BIM 项目的过程化； BIM 执行计划； 法律方面； 项目交付模式（集成项目交付——Integrated Project Delivery） （2）模型集成/协调； BCF 格式
培养目标（岗位）	<ul><li>BIM 经理</li><li>BIM 协调员</li><li>BIM 建模员</li></ul>	<ul><li>BIM 经理</li><li>BIM 协调员</li></ul>
商业角度	—	<ul><li>精益建造</li></ul>
BIM 的应用点、优势和价值	<ul><li>渲染和可视化</li><li>图纸生成</li><li>碰撞检测</li><li>算量</li><li>进度计划（4D）</li><li>成本预算（5D）</li><li>结构分析</li><li>能耗分析</li><li>预制构件生产</li><li>施工现场安排</li><li>施工过程监控</li><li>设施管理</li><li>风险管理</li></ul>	—
BIM 工具来源	<ul><li>免费/开放的系统</li><li>商业系统</li><li>个性化开发</li></ul>	—

知识模块	BIM 的基础知识	BIM 的深化知识
	本科生要求应至少掌握 BIM 的基础知识，硕士研究生则要求还应掌握 BIM 的深化知识。	
备　注	结合以上提供的课程大纲内容，本科生可能学习和了解到以下内容： 设计和协调数字增值过程； BIM 项目的启动和管理； BIM 软件产品的分析和评价，规划部署； BIM 研究和技术开发、设计新的 BIM 软件产品； 在基于 BIM 的规划、建设和运营方面实现战略商业决策； 为客户提供咨询，尤其是公共部门； 为决策者提供咨询	

附录6 国内某高校工程硕士培养（BIM方向）课程设置方案

实施BIM方向的工程硕士人才培养是为了适应高科技发展对专业人才培养的需要，加速培养一批高层次的工程技术和工程管理人才，促进教育资源更好地服务社会、经济建设，为国内工程建设行业培养高级BIM人才，缓解目前行业内缺乏BIM综合管理型人才的局面。

建筑与土木工程（BIM方向）课程设置　　　　　表7

类别	课程名称	课内学时	学分	课程属性
必修课	自然辩证法	32	2.0	学位课
	第一外国语	64	4.0	学位课
	高等工程数学	64	4.0	学位课
	计算机网络技术	32	2.0	学位课
	建设系统工程理论与方法	32	2.0	学位课
	工程项目管理	32	2.0	学位课
	工程项目管理信息化与BIM	32	2.0	学位课
	工程经济学	32	2.0	学位课
	BIM原理	32	2.0	学位课
	BIM工具与方法	32	2.0	学位课
选修课	信息检索与知识产权	32	2.0	限选
	企业战略管理	32	2.0	限选
	BIM应用案例	32	2.0	限选
	BIM项目组织	32	2.0	限选
	BIM专项应用技术	32	2.0	限选
	现代工程安全管理	32	2.0	任选

类别	课程名称	课内学时	学分	课程属性
选修课	国际工程承包	32	2.0	任选
	现代城市管理学	32	2.0	任选
	建筑物诊断与修复	32	2.0	任选
	工程建设合同索赔	32	2.0	任选
	工程项目监理	32	2.0	任选
	现代工程质量学	32	2.0	任选
	工程成本计划与控制	32	2.0	任选
	高层建筑施工新技术	32	2.0	任选
	开题报告		1.0	必修环节
	学位论文中期报告		1.0	
	外文文献阅读		1.0	
	导师指定的附加课程	32	2.0	任选

项目管理（BIM方向）课程设置　　　表8

类别课程		课程名称	学时	学分	备注	
学位课（必修）	公共课	自然辩证法	32	2	必修课程	学位课学分≥21
		第一外国语	64	4		
		数理统计	40	2.5		
		运筹学	40	2.5		
	专业基础课	项目管理学概论	32	2	IPMP认证课程	
		项目策划与评价	32	2		
		项目计划与控制	32	2		
		项目采购与合同管理	32	2		
		项目人力资源管理	32	2		
		工程项目管理信息化与BIM	32	2		
		BIM原理	32	2		
		BIM工具与方法	32	2		

类别课程	课程名称	学时	学分	备注
	BIM 应用案例	32	2	限选课
	BIM 项目组织	32	2	
	BIM 专项应用技术	32	2	
选修学分≥11	信息检索	32	2	选修课
	企业战略管理	32	2	
	财务管理	32	2	
	项目融资与成本管理	32	2	
	项目管理与 BIM 案例分析	32	2	
	工程经济学	32	2	
	建设项目质量管理	32	2	
	项目环境与可持续发展评价	32	2	
论文环节	专业文献阅读及翻译		1.0	公共
	开题报告		1.0	公共
	学位论文中期报告		1.0	公共

附录7 国内某高职（专科）院校 BIM 相关专业课程设置方案

一、建设项目信息化管理专业课程设置方案

1. 专业培养目标

本专业旨在培养拥护党的基本路线，德、智、体、美全面发展，掌握现代建筑业关键技术（BIM 技术）、工程管理必备的基础理论知识和专业知识，具有必备的从事现代建筑业职业岗位实际工作的基本能力和基本技能，适应建筑业工程管理以及建筑业信息化建设、产业升级和企业技术创新需求的，具有良好职业道德和创新务实精神的高素质技术技能人才。本专业毕业生要能从事与基本建设和建筑工程相关的合同管理、施工现场管理、BIM建模及 BIM 咨询、建筑材料检测、工程招投标文件编制、房地产经营决策分析和成本核算等实际岗位工作。其中与 BIM 相关工作岗位有：BIM 工程师、BIM 咨询工程师以及懂 BIM 的助理造价工程师、资料员、施工员等。

2. 建设项目信息化管理专业课程设置

建设项目信息化管理专业课程设置 　　　　　　表9

| 专业：建设项目信息化管理 | | | 学分 | 教学学时数 | | |
课程类别	课程性质	课程名称		总时	授课	实践
必修课	公共基础课	思想道德修养与法律基础	3	58	44	14
		毛泽东思想和中国特色社会主义理论体系概述	4	72	52	20
		形势与政策	1	20	20	0
		体育	3	90	90	0

专业：建设项目信息化管理			学分	教学学时数		
课程类别	课程性质	课程名称		总时	授课	实践
必修课	公共基础课	职业生涯规划	1.5	30	30	0
		创新创业基础	1.5	32	12	20
		计算机文化基础	3	60	30	30
		实用英语	6	120	120	0
		高等数学	3.5	60	60	0
		人际沟通与礼仪	1.5	30	30	0
专业必修课	专业基础课	专业导论（讲座形式）	1	16	16	0
		建筑制图与CAD	3	60	44	12
		工程力学	2	40	40	0
		BIM技术概论	1	16	16	0
		建筑材料检测与应用	2	40	30	10
		房屋建筑构造	2	40	30	10
		建筑结构	2	40	30	10
		管理学	2	40	40	0
	专业课	BIM技术基础应用	3	60	20	40
		建筑工程项目管理	3	60	36	24
		建筑施工测量放线	3	60	24	36
		BIM协同技术应用	2	40	16	24
		建筑施工技术	4	72	32	40
		施工图识读与会审	3	56	36	20
		安装识图与预算	3	60	30	30
		施工组织设计编制	2	40	24	16
		施工进度信息化管理	1.5	32	12	20
		建筑工程计量与计价	4	72	32	40
		工程造价信息化管理	2	40	10	30
		工程资料信息化管理	1.5	32	12	20
		建筑工程经济	3	52	32	20
		BIM5D技术综合应用	2	40	10	30
选修课	专业限选课	应用文写作	1	20	20	0
		建筑法规	1	20	20	0
		绿色建筑与节能技术	1.5	24	16	8

二、建筑工程技术专业课程设置方案

1. 专业培养目标

本专业旨在培养拥护党的基本路线，德、智、体、美全面发展，掌握现代建筑业关键技术（BIM 技术）、施工管理必备的基础理论知识和专业知识，具有必备的从事现代建筑业职业岗位实际工作的基本能力和基本技能，适应建筑业施工管理以及建筑业信息化建设、产业升级和企业技术创新需求的，具有良好职业道德和创新务实精神的高素质技术技能人才。本专业毕业生要能从事建筑工程施工管理、BIM 工程师等实际岗位工作。其中与BIM 相关工作岗位有：BIM 工程师以及懂得 BIM 技术的施工员、质量员、测量员等。

2. 建筑工程技术专业课程设置

建筑工程技术专业课程设置　　　　　　表 10

专业：建筑工程技术			学分	教学学时数		
课程类别	课程性质	课程名称	学分	总时	授课	实践
必修课	公共基础课	思想道德修养与法律基础	3	58	44	14
		毛泽东思想和中国特色社会主义理论体系概述	4	72	52	20
		形势与政策	1	20	20	0
		体育	3	90	90	0
		职业生涯规划	1.5	30	30	0
		创新创业基础	1.5	32	12	20
		计算机文化基础	3	60	30	30
		实用英语	6	120	120	0
		人际沟通与礼仪	1.5	30	30	0
		高等数学	3.5	60	60	0

专业：建筑工程技术			学分	教学学时数		
课程类别	课程性质	课程名称		总时	授课	实践
专业必修课	专业基础课	专业导论	1	16	16	0
		建筑制图与CAD	3	56	44	12
		建筑力学	3	52	52	0
		建筑材料检测与应用	2	40	30	10
		结构力学	3	52	52	0
		房屋建筑构造	3.5	60	48	12
		建筑结构	4.5	84	76	8
	专业课	建筑施工测量放线	3.5	60	24	36
		施工图识读与会审	3	56	36	20
		钢结构构造与识图	2	40	28	12
		地基与基础工程施工	3.5	60	30	30
		砌体结构工程施工	1	20	10	10
		现浇结构工程施工	3.5	60	30	30
		防水与装修工程施工	1.5	30	15	15
		建筑工程计量与计价	5	90	50	40
		装配结构深化设计	2	40	20	20
		装配结构工程施工	1.5	24	16	8
		施工组织设计编制	2.5	48	32	16
	专业拓展课	BIM技术概论	1	16	16	0
		BIM技术基础	1.5	30	14	16
		建筑工程项目管理	3.5	60	36	24
		建筑设备	2	32	32	0
		工程造价软件应用	2	32	10	22

专业：建筑工程技术			学分	教学学时数		
课程类别	课程性质	课程名称		总时	授课	实践
选修课	专业限修课	应用文写作	1	20	20	0
		建筑法规	1	20	20	0
		施工安全预防与管理	1	16	16	0
		绿色建筑与节能技术	1.5	24	24	0

附录 8　BIM 实践教学的软件及平台配置（2016 版）

关于 BIM 的实践教学，将支持 BIM 建模及应用的配置可分为 BIM 图形平台、BIM 的专项应用配置、BIM 的协同管理配置三种类型，具体不同配置类型的主要支撑软件或平台见表 11：

不同配置主要支撑软件（2016 版）　　　　　　　　　　表 11

配置类型		主要支撑软件	备　注
BIM 图形平台		Autodesk Revit；ArchiCAD，Graphisoft MEP Modeler；Bentley MicroStation、MicroStation PowerDraft；Bentley AECOsim Building Designer；Digital Project，CATIA；Tekla Structures；MagiCAD；广厦结构设计；鸿业等	相关软件主要为 BIM 核心建模软件，在其具体使用过程中，往往还会涉及 SketchUp Pro、Rhino、Trelligence Affinity 等方案设计及几何造型软件的辅助性应用
BIM 的专项应用配置	成本预测	Innovaya Visual Applications；Autodesk Quantity Takeoff；Vico Takeoff Manager；广联达计价系列软件；鲁班算量软件等	部分软件为工程量测算软件，并非仅限于进行设计阶段的项目成本预测
	性能分析	Autodesk Green Building Studio；Bentley AECOsim Energy Simulator；Bentley Hevacomp Dynamic Simulation；Autodesk Ecotect；PKPM 等	"其他性能模拟"主要指对采光、通风、音效、人员疏散等舒适及安全性能的分析
	碰撞检查	Autodesk Navisworks；Bentley Navigator；Solibri Model Checker；Luban BIM Works；广联达 BIM 审图软件等	碰撞检查软件的基本功能在于集成各种 BIM 建模软件所创建的 BIM 模型，进行模型冲突检查及模型的可视化协调

配置类型		主要支撑软件	备 注
BIM 的专项应用配置	施工方案演示	Autodesk Naviswork，Autodesk Revit；Graphisoft MEP Modeler；Bentley；Tekla Structures；广联达 BIM 施工现场布置软件 GCB；广联达 BIM 模板脚手架设计软件 GMJ；Luban BE 等	大部分软件同于前文所述的 BIM 核心建模软件
	进度模拟	Autodesk Navisworks；Bentley Projectwise，Bentley Navigator；Luban MC；广联达斑马进度；广联达 BIM 5D 软件	该部分软件的应用过程往往涉及传统项目进度管理软件的辅助性应用
	工程量预算	Autodesk Quantity Takeoff；Vico Takeoff Manager；广联达算量软件；鲁班算量软件；斯维尔等	现场资源管理过程还往往涉及射频识别（RFID）、激光扫描（Laser Scanning）等辅助性技术的应用
	预制化施工	Revit；Graphisoft MEP Modeler；Bentley；Digital Project；Fabrication for AutoCAD MEP；Tekla Structures；PipeDesigner 3D 等	主要为部分专业工程的深化设计软件
BIM 协同管理平台配置		Bentley Projectwise；Autodesk 360；广联达 5D；协筑；Luban EDS 等	该类平台的功能主要有支持 BIM 模型信息的整合、存储、共享与应用等

参 考 文 献

［1］ 中国建设教育协会. 全国 BIM 应用技能考评大纲（暂行）［M］. 中国
建筑工业出版社，2015.

［2］ 佐治亚理工大学设计学院［EB/OL］.（2016-10-04）［2016-10-04］. ht-
tp：//www. bc. gatech. edu/undergraduate-certificate.

［3］ 德国土木工程计算协会（GACCE）BIM 信息［EB/OL］（2016-11-28）
［2016-11-28］. http：//www. gacce. de/bim. php.

［4］ 杨荣华，连宇新. 基于 BIM 技术的工程管理专业课程体系构建［J］.
中国建设教育，2015(6).

［5］ Namhun Lee, Donna A. Hollar. Probing BIM Education in Construc-
tion Engineering and Management Programs Using Industry Perceptions
［C］. 49th ASC Annual International Conference Proceedings，2013.

［6］ 美国联合承包商协会 CM _ BIM 教育课程［EB/OL］.（2016-10-04）
［2016-10-04］. http：//agchouston. org/pages/bim _ education _
1026. asp♯Unit _ 1.

［7］ 斯坦福大学设施工程集成中心（CIFE）课程［EB/OL］.（2016-10-04）
［2016-10-04］. http：//cife. stanford. edu/courses.